# LA
# PRATIQUE MÉDICALE CHINOISE



PAR

## E. JEANSELME

MÉDECIN DE L'HOPITAL HÉROLD

CHARGÉ DE MISSION EN EXTRÊME-ORIENT

Extrait de *La Presse médicale* (N° 51, 26 Juin 1901)

## PARIS
### C. NAUD, ÉDITEUR
3, RUE RACINE, 3

1901

# LA
# PRATIQUE MÉDICALE CHINOISE

PAR

## E. JEANSELME

MÉDECIN DE L'HOPITAL HÉROLD
CHARGÉ DE MISSION EN EXTRÊME-ORIENT.

Extrait de *La Presse médicale* (No 51, 26 Juin 1901).

## PARIS
## C. NAUD, ÉDITEUR
3, RUE RACINE, 3
1901

# LA

# PRATIQUE MÉDICALE CHINOISE

Purement empirique, la *thérapeutique chinoise* puise les innombrables médicaments de sa pharmacopée dans les trois règnes de la nature. C'est surtout le végétal qu'elle met à contribution, mais elle fait aussi de nombreux emprunts aux deux autres. Quelle que soit leur provenance, tous les médicaments se répartissent dans l'une des trois classes suivantes : les uns sont curatifs, d'autres préparent l'organisme à recevoir les remèdes actifs, d'autres enfin sont des reconstituants, des Pou io, littéralement : remèdes de réparation.

---

Cet article est la suite et le complément de celui que j'ai publié sur les *Théories médicales des Chinois.* Voir *La Presse médicale*, 1900, 12 septembre, n° 76, p. 179.

Pour faire choix de la recette convenable dans cet amas indigeste de formules, le praticien chinois n'a d'autre guide que les données d'une physiologie erronée. Telle maladie est-elle le résultat d'un excès de chaleur vitale? c'est à un médicament réputé *froid* qu'il convient de s'adresser pour la combattre. Telle autre affection est-elle causée par l'humide radical, c'est-à-dire par un excès de froid, c'est un médicament *chaud* qui doit être mis en œuvre. Au surplus, le médecin chinois accumule dans sa mémoire un nombre incroyable de formules très compliquées sans chercher à pénétrer le mécanisme de leur action. Mais n'en est-il pas un peu de même parmi nous?

Comme les mêmes idées, vraies ou fausses, se répètent dans toutes les races, les Chinois ne pouvaient manquer de tenir en estime la *doctrine des signatures,* qui a joui d'une si grande vogue en Europe aux siècles passés. Comme chacun sait, la nature se serait chargée de désigner à l'homme, à l'aide de certains indices, le profit qu'il peut retirer de l'usage de telle ou telle substance. Ainsi, le médecin chinois prescrit la luciole et le cristal de roche contre la cécité ; la garance rappelle le flux menstruel ; le gin seng, dont la racine bifurquée ressemble à des cuisses d'homme, passe pour restituer la virilité absente.

Les Chinois prisent fort les vertus mystérieuses de la corne de cerf et de la dent de tigre. La corne de rhinocéros (qui a pour habitat les îles de la Sonde) atteint des prix fabuleux. Mais la panacée la plus renommée entre toutes est sans contredit le gin seng, racine qu'on recueille en Mandchourie et en Corée. Elle guérit toutes les maladies et prévient le développement de celles qui sont en germe. Son prix excessif encourage les contrefaçons, qui sont innombrables. Les Chinois aisés et les mandarins prennent volontiers le soir, pour conserver leur santé, des Pou io contenant de la corne de cerf, de la cannelle et du gin seng.

Dans les répertoires de médecine chinoise figurent pêle-mêle les substances les plus variées et les plus hétéroclites, depuis l'or en feuille, souverain contre la lèpre, jusqu'à la bile humaine et l'urine de jeune garçon. Le

Hài ti chè (littéralement : pierre du fond de la mer) est un conglomérat de sels ammoniacaux qu'on retire des latrines et que j'ai vu conseiller couramment, comme diurétique, au Yunnan. Voilà certes des pratiques bien répugnantes, mais si nous faisions retour d'un ou deux siècles en arrière, il nous serait facile de retrouver, parmi les écrits des médecins les plus réputés d'Occident, des mémoires vantant les propriétés mirifiques de la fiente de l'homme et des animaux.

Si la thérapeutique chinoise est encombrée de drogues, pour la plupart sans efficacité, elle possède aussi quelques médicaments précieux, tel le fer, donné comme reconstituant ; l'arsenic, conseillé contre les affections strumeuses, l'arthritisme et l'impaludisme ; les cendres de varech, vantées dans le traitement du goitre ; le mercure, prescrit sous des formes variées (calomel, cinabre, etc.), contre la syphilis ; le soufre, employé à combattre les dermatoses et la gale.

Dans le Yunnan, non loin du fleuve Bleu, j'ai vu de nombreux Chinois, atteints d'affections cutanées chroniques, se baigner dans

les sources sulfureuses à haute thermalité de
Lan Khon Shien et de Nieou tse.

Toute formule chinoise porte un nom qui
sert à la désigner abréviativement. Chacune
contient au moins une dizaine de substances,
feuilles ou racines, pour la plupart inactives,
qui sont prescrites ordinairement sous forme
de macération ou d'infusion. Le breuvage
noirâtre obtenu peut être avalé sans trop de
dégoût, et — ce qui mérite considération —
n'est jamais toxique.

Les Chinois connaissent de temps immé-
morial les propriétés abortives des ergots de
riz et de maïs. Ils sont très friands d'aphro-
disiaques et font abus d'excitants à base de
cantharide. L'empereur Tsien fong employait
pour réveiller sa virilité une poudre compo-
site dans laquelle entraient :- deux petites
cornes de cerf, de la moelle de l'épine dor-
sale d'un chien, les reins d'un chien et les
testicules d'un poulet. Le tout était réduit en
poudre. Une partie était introduite dans la
narine gauche; l'autre, roulée dans du miel,
servait à faire des pilules. On trouve dans le
*Kou Kin py yuen* des recettes : *Ut virga stet*

*et rigida fiat... Ut voluptas, dum coeunt vir et femina, major fiat et acrior... Ut os inguinis muliebris minus pateat et minuatur... Quomodo mulier per se, sine hominis coïtu, voluptatem experiri possit [1]!*

*<br>* *

La *médication révulsive* jouit d'un très grand crédit parmi les Célestes. Dans les rues, vous croisez souvent des individus dont les tempes et le cou sont bariolés de larges taches ecchymotiques. L'usage des ventouses est en effet très répandu en Chine. On les pose en brûlant du papier de riz dans un petit tube de bambou ou dans une corne de mouton. Certains médicastres n'ont d'autre instrument que leurs doigts. Ils pincent un pli de peau entre l'index et le médius couchés sur le tégument, et tiraillent celui-ci d'un mouvement rapide et saccadé, ce qui amène la rupture des petits vaisseaux sous-cutanés. Le moxa remplace en Chine la cautérisation

---

1. DABRY. — *La Médecine chinoise*, Paris, 1863.

au fer rouge. Les caustiques chimiques paraissent très en faveur, si j'en juge par les énormes cicatrices que laissent certains emplâtres.

Depuis quarante siècles, d'après le P. Boym, les Chinois pratiquent l'*acupuncture*, opération qui consiste à enfoncer dans les tissus des aiguilles d'or, d'argent ou d'acier pour guérir la plupart des maladies. Le médecin doit connaître le lieu d'élection des piqûres pour chaque affection et savoir la profondeur à laquelle il doit enfoncer l'aiguille pour atteindre le siège du mal. Les piqûres se pratiquent sur le trajet de 12 kings ou voies de transmission, et elles sont destinées à donner issue au principe morbifique. D'après M. Dabry, le nombre des points qui sont susceptibles d'être piqués est de 388.

*<br>* *

Le *massage* est tellement entré dans les mœurs chinoises qu'il ne peut être considéré comme un mode de traitement. Dans les innombrables échoppes de barbiers ouvertes sur la rue qui donnent aux agglomérations chinoises une physionomie toute spéciale, le figaro, avant de jouer du rasoir, assouplit, sous l'œil des passants, les articulations de son client à l'aide de mouvements lents et savamment combinés, puis il martelle ou malaxe les muscles, exécute avec la paume des mains une série de traits rapides le long de la colonne vertébrale et pratique enfin sur le visage du patient des effleurements ou des sortes de passes magnétiques, et c'est seulement quand sa victime commence à s'assoupir qu'il se met en devoir de la raser en conscience.

Le populaire n'ignore pas non plus l'action délassante de l'*eau chaude*. Arrivés à l'étape, coolies, muletiers, porteurs de chaise, se lavent le corps avec des serviettes trempées dans de l'eau presque bouillante. Les grands banquets chinois sont ordinairement coupés par un intermède, pendant lequel les convives s'humectent la figure avec des linges imbibés d'eau chaude. Ces ablutions procurent un grand bien-être et dissipent instantanément la fatigue.

*<br>
*  *

En Chine, l'*exercice de la médecine* et *de la pharmacie* est entièrement libre. L'État n'exige du praticien aucune étude préalable, aucun brevet, et il ne lui impose aucune patente. Il n'intervient que dans le cas de faute lourde. La profession ouverte à tout venant, admet dans ses rangs des sorciers-guérisseurs, qui cumulent avec les profits de la médecine ceux de la cabale et de la géomancie, mais elle comprend aussi des hommes cultivés et soucieux de leur réputation. En général, le médecin est de condition bourgeoise. Sans avoir subi les examens qui confèrent le titre de lettré (baccalauréat, licence et doctorat) et qui donnent accès, en Chine comme ailleurs, à toutes les fonctions publiques, celui qui se destine à l'art médical est obligé de savoir un grand nombre de « caractères » pour comprendre les auteurs classiques. Après en avoir appris des passages par cœur pendant plusieurs années, il suit les visites d'un praticien pour s'exercer à tâter le pouls et à formuler. Souvent le fils est l'élève de son père, et certaines familles conservent le secret de recettes prétendues infaillibles, qui se transmettent de génération en génération. Dans les villages, le médecin prépare lui-même les remèdes qu'il prescrit, mais dans les grands centres les médicaments sont délivrés par des pharmaciens sur l'ordonnance du médecin. Les spécialistes sont très en vogue; il en est qui soignent exclusivement les ophtalmies, si fréquentes en Chine, d'autres les maladies de la peau, d'autres enfin les ulcères.

Le médecin ne fait ordinairement qu'une seule visite à chaque client, et ne revient pas sans être rappelé. L'examen, toujours sommaire, ne nécessite pas que le malade se déshabille. La femme chinoise ne consent que très difficilement à se soumettre à l'examen méthodique du médecin européen. La recherche des signes physiques, la palpation, l'auscultation, dont elles ne comprennent pas la signification, sont à leurs yeux des pratiques de la dernière inconvenance; et si j'ai pu tout à loisir voir et palper le ventre des femmes âgées, les jeunes m'ont toujours opposé une résistance invincible, alors même que le père ou le mari autorisait cet examen.

Pendant un séjour d'un an et demi en Extrême-Orient, j'ai eu l'occasion d'interroger plusieurs praticiens indigènes parmi les plus instruits. A Hué, capitale de l'Annam, je me suis entretenu avec quelqus-uns des médecins de la cour. Les notes suivantes, que je détache de mon journal de voyage, montrent l'état des connaissances médicales en ce pays qui n'est que le reflet de la Chine. Tham trong est un Annamite d'une quarantaine d'années, il s'est présenté cinq fois aux examens littéraires et, ayant constamment échoué, il a abordé l'étude de la médecine à vingt-huit ans. Il a d'abord appris la théorie du pouls, les propriétés des médicaments et l'anatomie dans des livres venant de Chine, car l'Annam a tout emprunté à l'Empire du Milieu : ses conceptions médicales, aussi bien que son écriture, ses lois, sa religion et ses mœurs.

Tham trong montre assez vaguement la place des organes. Il ignore totalement le mécanisme de la circulation sanguine. La pulsation a pour point de départ les reins où se fait un « dégagement de chaud et de froid ». Il n'est pas question du cœur comme propulseur du sang. La jaunisse est l'indice d'une altération de l'intestin ou de la rate. Chacun des cinq organes essentiels (cœur, poumon, foie, rein et intestin) produit une couleur différente qui se répand sur la peau du malade et indique le viscère lésé.

Nguyên Tân, autre médecin de la cour de Huê, a entrepris l'étude de la médecine vers l'âge de vingt ans. Il a d'abord lu les ouvrages chinois pendant quatre ou cinq ans. Le corps, dit-il, contient quatre éléments, le feu ou la chaleur, l'humide ou le froid, l'air et le sang.

La maladie résulte du défaut d'équilibre de ces éléments ou des six organes essentiels : le poumon, le cœur, le foie, les reins, les intestins et l'estomac. Entre les deux reins existe un foyer de chaleur qui se répand dans tout le corps ; c'est l'origine de la pulsation qui peut être perçue non seulement au poignet, mais dans tout l'organisme.

Le cœur produit le sang, mais ne le met pas en mouvement. Nguyên Tân récite imperturbablement la théorie du pouls, il sait exactement les organes qui correspondent à chaque *tsuen*, *kouan* ou *tché*. Chaque viscère sécrète une couleur spéciale : le rouge provient du cœur, le blanc du poumon, le noir du rein, le bleu du foie, le jaune de l'intestin ou de la rate... Le foie se compose de sept lobes. Le poumon remplit le thorax et reçoit le cœur dans une sorte d'excavation. Nguyên Tân a appris l'anatomie dans des livres chinois accompagnés de dessins explicatifs.

Au début de ses études, il a ouvert un porc pour vérifier la topographie des organes, mais il n'a jamais disséqué. Les étudiants annamites, d'après lui, n'ont d'autre guide que des ouvrages chinois, tous très vieux, qui sont, pour la plupart, antérieurs à la dynastie des Han et n'auraient pas subi de retouches depuis des siècles. Nguyên Tân ignore, cela s'entend, les signes des affections du foie, du cœur, des reins, du poumon, mais il possède des notions précises sur les maladies communes en Annam, entre autres l'impaludisme, la dysenterie, la variole, la phtisie, la gale, la lèpre et les maladies vénériennes. Il confond, il est vrai, dans une même description, chaudepisse, chancre mou et vérole, mais il connaît les conséquences graves de la gale de Chine, autrement dit la syphilis. « *Si le malade ne se soigne pas*, dit-il, *il peut transmettre son affection à ses enfants. Quand ceux-ci survivent, ce qui est rare, ils peuvent aussi léguer la syphilis à leurs descendants.* » Cette notion, paraît-il, ne serait pas consignée dans les vieux livres chinois, mais les médecins annamites l'auraient acquise par l'observation des faits.

Pour en finir avec la syphilis, je transcris la curieuse formule qui m'a été dictée par les deux médecins interviewés :

| | | |
|---|---|---|
| Cinabre natif | 3 | dông. |
| Cinabre d'aspect métallique | 3 | — |
| Orpiment | 3 | — |
| Sulfate de soude | 2 | luong. |
| Mercure liquide | 2 | — |
| Camphre | 3 | dông. |
| Sulfate de cuivre | 5 | — |
| Alun | 5 | — |
| Chlorure de sodium | 2 | luong. |
| Acide arsénieux | 1 | dông. |
| Os de sèche | 3 | luong. |

Mêler dans une marmite hermétiquement fermée et chauffer à feu doux. Après sublimation, on racle la couche qui s'est déposée sous le couvercle et on la divise en pilules. Ce qui reste au fond de la marmite sert à préparer des pommades et à faire des fumigations.

Le malade doit prendre, chaque jour, pendant neuf jours, trois pilules enrobées dans un fragment de banane pour éviter l'altération des dents, soit en tout vingt-sept pilules. Alors le malade crache un liquide clair, puis sanguinolent provenant des gencives (stomatite mercurielle). Après ce traitement, le malade ne communique plus la contagion à sa femme et à ses enfants. Celui qui prépare le médicament doit se remplir la bouche d'eau; sinon, il perd ses dents.

La préparation doit se faire en milieu tranquille, car l'ébranlement du sol empêche le mercure sublimé d'adhérer au couvercle.

*
* *

Pendant mon séjour à Yunnan-sen, ville de 100.000 habitants, capitale de la province du

Yunnan, je n'ai pas résisté à la tentation de voir celui de mes confrères le plus réputé de ce grand centre, le médecin Tchen. Après avoir traversé un dédale de ruelles étroites et glissantes, j'arrive devant la demeure du grand praticien. La porte franchie, je me trouve dans une cour d'apparence modeste, dont le côté droit est occupé par un réduit de quelques pieds carrés. C'est le cabinet de consultation, qui ne prend jour que par la porte grande ouverte. Le long des murs, auxquels pendent les planches d'anatomie chinoise, sont disposés des bancs sur lesquels attendent les clients. Dans une encoignure, derrière un bureau surchargé de piles de sapèques, dons des généreux clients, est confortablement assis le médecin, homme replet, proprement vêtu et la natte bien tressée. Il m'accueille avec le bon sourire du praticien heureux et affairé. Sans perdre de temps, tout en prenant le pouls d'un malade, il m'indique un siège, me fait allumer une pipe par son fils qui assiste aux consultations, et m'offre une tasse de thé.

Je vois défiler, en une vingtaine de minutes, cinq ou six sujets. Invariablement, notre confrère commence par tâter le pouls gauche en appliquant sur l'artère la pulpe des trois doigts médians et en exerçant des pressions graduées. Après une ou deux minutes d'examen, il passe à l'autre pouls. Il prend alors un pinceau et trace l'ordonnance, qui contient ordinairement huit à dix espèces de feuilles ou de racines. Le malade se retire après avoir déposé sur la table le montant des honoraires, c'est-à-dire 50 sapèques (environ 15 à 20 centimes de notre monnaie). Si j'en crois mon aimable confrère yunnanais, — qui, paraît-il, est enclin à l'exagération, — il donne chaque jour de 40 à 80 consultations entre 7 heures du matin et 5 heures du soir. Puis il fait une dizaine de visites en chaise, de 6 à 9 heures, après son dîner.

Poussé par la curiosité, et peut-être aussi par le malin plaisir de mettre la science de cet honorable confrère en défaut, je prétextai des malaises imaginaires et je tendis mon poignet. Après plusieurs minutes de silence, pendant lesquelles notre homme parut absorbé comme s'il résolvait un problème difficile, après force clignements d'yeux d'un air entendu, il m'apprit que j'avais de l'air dans le foie, et dans un autre organe que je n'ose nommer ; que cet air remontait dans l'estomac, qui était insuffisamment perméable, bref, que je digérais mal. C'était jouer de malheur, car à cette époque j'engloutissais cinq à six bols de riz sans la moindre flatulence. Je réclamai mon ordonnance, je déposai sur le coin du bureau une pile de sapèques, que le médecin chinois refusa énergiquement, et j'allai quérir sur-le-champ les drogues prescrites chez le pharmacien.

Celui-ci me fit verser d'abord 60 sapèques et, aussitôt en possession de la somme, il se mit à puiser les plantes dans des tiroirs et à les peser. Il déposait, une à une, chaque substance sur un petit carré de papier que ses fils pliaient avec dextérité ; puis il me remit le tout avec l'ordonnance. Je n'ai pas poussé plus loin l'expérience, par respect pour mon brillant appétit, dont la pharmacopée chinoise aurait peut-être eu raison [1].

---

1. Le médecin Tchen, que j'ai revu plusieurs fois depuis,

*
* *

Yunnan-sen possède un *hospice* dû à la munificence du souverain. J'allai donc visiter l'asile que l'empereur des Célestes, le Fils du Ciel, le Père et la Mère du peuple, offre aux malheureux terrassés par la maladie ou les infortunes de la vie. Ce refuge est une sorte de cour des Miracles qui abrite, dans ses étroites cellules 800 éclopés avec leurs familles.

Quand on entre dans l'un de ces cabanons obscurs et infects, on est aveuglé par la fumée et l'on distingue vaguement des formes humaines ressemblant à des sorciers préparant le sabbat. Un cercueil est ordinairement le meuble principal qui orne ces tanières, car le premier soin d'un fils pieux est d'offrir à son père le coffre dans lequel il

---

connaît bien les signes de la variole, de l'impaludisme, de la lèpre et de la syphilis. Il attribue le goitre, si fréquent au Yunnan, à « l'eau empoisonnée des montagnes » et il a remarqué que nombre de goîtreux sont peu intelligents.

dormira son dernier sommeil. Ces malheureux étendent volontiers leur natte sur le
couvercle de la bière pour dormir et vivent,
pour ainsi dire, familièrement avec elle,
attendant avec sérénité le moment suprême.
Rien ne saurait dépeindre les horreurs de ce
lieu, dont la hideur aurait tenté le crayon de
Calot ou la plume d'Edgar Poë.

*
* *

J'ai tenu à exposer, en toute impartialité,
l'état de la médecine chinoise, tant au point
de vue théorique qu'au point de vue pratique. Les développements dans lesquels je
suis entré sont suffisants, je pense, pour que
le lecteur puisse se faire une opinion per-
sonnelle. Je lui laisse donc le soin de con-
clure.

Reste à savoir si la médecine chinoise
saura se dégager de l'ornière où elle s'est
enlizée depuis tant de siècles. Avant de porter
un jugement à ce sujet, il faut se pénétrer de
cette vérité, que la nation chinoise n'est pas
parvenue au stade de sénilité, comme on le

dit souvent ; elle est seulement immobilisée par une civilisation qui est arrivée à fin d'évolution et qui ne peut plus rien produire. La tyrannie de la routine est telle en ce pays, qu'elle a supprimé, non seulement le progrès, mais jusqu'aux fluctuations de la mode dans ce monde figé ; les conceptions médicales, comme le vêtement, les croyances et les lois, sont et doivent être immuables. Mais le jour, qui sera peut-être demain, où le Chinois reprendra possession de lui-même et rompra avec ses traditions surannées, nul doute qu'il ne puisse évoluer à l'égal du Japonais. Le Chinois est apte à comprendre tout ce qui est concret. Profondément matérialiste, tout ce qui touche à son bien-être et à sa santé l'intéresse, et je ne serais pas surpris si, dans les choses de la médecine comme dans beaucoup d'autres, il était non seulement capable de copier nos méthodes, mais aussi de les développer.

Paris — L. MARETHEUX, imprimeur, 1, rue Cassette.